※シートはかならずコピーして、みんなで使ってください。

ゼロから楽しむ！プログラミング

調べるシート

名前 _____

コンピュータが入っているものといないものをさがしてみよう！

身のまわりのものを調べてみよう！
どんなものに、コンピュータが入っているかな？

	コンピュータが入っているもの	コンピュータが入っていないもの
家の中		
町の中		
学校		

監修のことば

小林祐紀

茨城大学教育学部 准教授

ようこそ！ プログラミングの世界へ

この書籍を手に取ったあなたは、プログラミングに関心がある人でしょう。

でも、プログラミングという言葉は、何だかむずかしい感じがしていませんか。

大丈夫です。副題にもあるように、プログラミングについて、知識がゼロからでも楽しむことができるように、この３冊の書籍はつくられています。

第１巻では、生活の中で必ず使ったことのある、身近なプログラムについて学びます。

第２巻では、コンピュータのしくみやプログラミング特有の考え方を学びます。

第３巻では、ワクワク・ドキドキのチャレンジをいくつか示しています。

ぜひ、あなた自身がプログラミングに挑戦してみましょう！

ここでは、第３巻について、少し解説しましょう。

プログラミングの魅力はなんといっても、自分の手でアイデアをかたちにできることです。もちろん、はじめからうまくいくことはありません。でも、かんたんすぎても、おもしろくありませんよね。

挑戦と失敗（トライ＆エラー）をくり返して、作品（プログラム）は少しずつ理想のかたちになっていきます。プログラミングはコンピュータを使うため、じっくり考えて、何度も気軽に試すことができます。このことは、大きな強みです。

第３巻では、いろいろな取り組みを紹介しています。プログラミングの強みをいかして、ぜひ挑戦してみてください。これまでとは、ひと味ちがう作品ができるはずです。

プログラミングの世界への旅が、心はずむものになることを期待しています。

ゼロから楽しむ！ プログラミング

③ プログラミングで あそぼう！

茨城大学准教授
監修 小林 祐紀

小峰書店

プログラミング で あそぼう！

もくじ

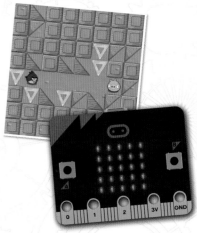

- - - - - - - - - - ● この本のみかた - - - - - - - - -

練習 プログラミングがはじめてでも、
やさしく楽しく取り組める練習のページだよ。

そのアプリなど
でできることの
例をしょうかい
しているよ。

ステップ1 そのページでしょうかいするアプリなどの、
基本の情報やとくちょうがわかるよ。

基本的な使い
方などをしょ
うかいしてい
るよ。

アプリの基本
画面や、その
ツールの基本
となる部品を
しょうかいし
ているよ。

この巻では、実際に
プログラミングを
してあそぼう！
いろいろなことが
できて楽しいよ！

自分でかいた
絵を動かしたり、
オリジナルゲームを
つくったり…。
きょうみのあることから
やってみよう！

ステップ2 実際にゲームや作品をつくってみよう。
ていねいにやり方を説明しているよ。

しょうかいしている作品などをつくる場合の、めやすの時間やレベル、用意するものをしめしているよ。

つくり方を、画面や写真を使って、順番にていねいに説明しているよ。

てびき パソコンやマウス操作などのことばの意味がわからなかったら、巻末を見てね。

プログラミングであそぼう！

いよいよ、コンピュータを使ってプログラミングをしていこう。
はじめての人でも、パズルやゲームのように
楽しみながらプログラミングができるアプリやキットがいろいろあるよ。
なれてきたら、自分のアイデアでどんどんやってみてね。

プログラミングっていうのは、コンピュータを動かすための指示（プログラム）をつくることで…。

身のまわりにはコンピュータがたくさんあって、みんなプログラムで動いているのよね。

そう。今や家電もコンピュータだ。

ケイ
（小学3年生）

ルイ
（小学5年生）

コンピュータに指示が正しくつたわるように、ちゃんとプログラミングができれば、

ぼくたちでもいろんなものをつくって、好きに動かせる…。

| 一歩前に進む |
| 左を向く |
| 3歩前に進む |
| 右を向く |
| 止まる |

そう、ふたりともよくわかってきたね！

プログラミングってすごい！！
やってみたい！！

（れんしゅう）

アワー・オブ・コードで はじめてのプログラミング

アワー・オブ・コードには、はじめての人でも楽しくプログラミングを学べるたくさんのメニューが用意されているよ。ここでは、いちばんやさしい「古典的な迷路」を体験してみよう。

1迷路 5〜15分　めやすの時間

中　低　高　レベル：4才から

用意するもの（よういするもの）

パソコンまたはタブレット　　インターネット環境（かんきょう）

1 【迷路1】の画面を出そう

パソコンのブラウザを立ちあげて、アワー・オブ・コードのホームページにアクセスしよう。取り組めるメニューが下に出てくるよ。

https://hourofcode.com/jp/learn

●少し下にいくと「初（はじ）めてのコンピュータープログラムを書く」というメニューがある。ここをえらんで開（ひら）き、「はじめる」をクリックしよう。

●アワー・オブ・コードについて解説（かいせつ）する画面（めん）が出てくるよ。迷路（めいろ）をすぐにはじめる場合は、右上の角にある「⊗」をクリックして閉（と）じると、【迷路1】の画面（がめん）が出てくるよ。

まず最初（さいしょ）に、プログラミングの練習（れんしゅう）をしよう！

20個（こ）の迷路（めいろ）をとき進（すす）みながら、ブロックをならべてキャラクターの動（うご）きをプログラミングするよ。

2 【迷路1】をはじめよう

鳥のキャラクターを、ぶたのいるところまで進（すす）ませよう！ブロックをならべると、そのとおりに動（うご）くよ。どんな順番（じゅんばん）でならべればいいかな。

今ならべているブロックの数
迷路をクリアするのに必要（ひつよう）なブロックの数

「実行（じっこう）」ボタンは、とちゅうでキャラクターの動（うご）きを確認（かくにん）したいときにも使えるよ。

説明（せつめい）を読んだら、⊗をクリックして閉（と）じよう。

「実行（じっこう）」ボタン

●左の灰色（はいいろ）の部分（ぶぶん）にあるブロックからえらんで、右のスペースにドラッグしてならべていくよ。

●ブロックをならべたら、「実行（じっこう）」ボタンをクリックしよう。ならべたとおりに、キャラクターが動（うご）くよ。もしまちがえても、何回でもやり直せるんだ。

●クリアすると、つぎの迷路（めいろ）に進（すす）めるよ。

3 【迷路3】ジグザグに進もう

キャラクターの向きを右や左にかえないと、ぶたのところにたどりつけないよ。「○○にまがる」ブロックを使って、進む向きをかえていこう。

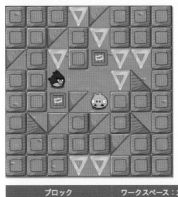

まちがえると「ばくだん」にぶつかってしまうから気をつけて！

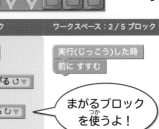

まがるブロックを使うよ！

4 【迷路6】「くりかえし」のブロックを使おう

迷路6からは、「○回くりかえす」ブロックが使えるよ。同じブロックをいくつもならべる代わりに使って、プログラムを短くしていこう。

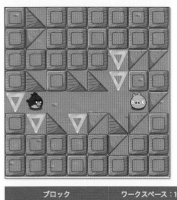

どんな動きを何回くりかえすとぶたのところに行けるかな？

回数はここで打ちかえられるよ。

5 【迷路14】「もし」のブロックを使おう

迷路12から、新しい場面とキャラクターになるよ。迷路14からは「もし」のブロックが登場。どんな動きになるか想像しながら、ブロックをえらぼう。

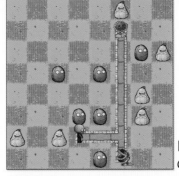

【迷路14】の画面

「もし」のブロックをうまく使って、キャラクターをどんぐりまで進めよう！

【迷路16】の画面

はじめから用意されている灰色のブロックに、左のブロックをどう組みあわせたらよいか、よく考えよう。

●最後の迷路をクリアすると修了証がもらえるよ！

楽しかった〜。ほかのメニューもやってみようよ！

わーい、クリアできた！

ビスケットで おにぎりゲームを つくろう！

お絵かきが好きなみんなにおすすめ！ 自分でかいたおにぎりを、おさらでキャッチするゲームをつくろう。

Check! ビスケットでできること

| 自分でかいた絵を動かす | 音を鳴らしてリズムをつくる | ゲームをつくる |

ビスケットでは、こんなものがつくれる！

もぐらたたきゲーム

あなから顔を見せたりかくれたりする動きをプログラミングして、もぐらたたきゲームであそぼう。

けんばん楽器

カラフルな色でけんばんをかいて、一つひとつのけんばんに指をふれたら、音が鳴るようにプログラミングしよう。楽しいけんばん楽器ができるよ。

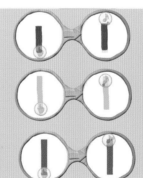

お絵かきしたものをプログラミングして動かせるって、なんか楽しそう！

シューティングゲーム

ファイターを動かして、ビームでてきをねらうシューティングゲームもつくれるよ。ビームがあたったら、音を出しててきを消すなど、いろいろくふうしてみよう。

Q ビスケットって何？

ビスケット（Viscuit）は、自分のかいた絵を「メガネ」というアイコンを使って動かすことができるプログラミングアプリだ。画面にはほとんど文字がないから、画用紙に絵をかくように、すぐにはじめることができるよ。

Q どうやって使うの？

パソコンやタブレットを使ってあそべるよ。パソコンの場合は、インターネットにつなげて、ブラウザから専用のページにアクセスしよう。タブレットの場合は、アプリをストアからダウンロードして使うよ（46ページを見てね）。

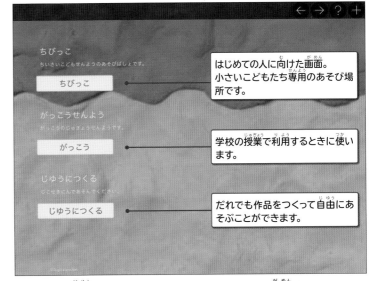

ちびっこ
ちいさいこどもせんようのあそびばしょです。
　ちびっこ

はじめての人に向けた画面。小さいこどもたち専用のあそび場所です。

がっこうせんよう
がっこうのじゅぎょうせんようです。
　がっこう

学校の授業で利用するときに使います。

じゆうにつくる
じこせきにんであそんでください。
　じゆうにつくる

だれでも作品をつくって自由にあそぶことができます。

●はじめの画面。下にスクロールすると、このえらぶ画面が出てくる。

メガネの左と右で絵の位置をずらすことで、絵の動く方向をプログラムするよ。

図解｜ビスケットの基本の操作

●せいさく画面

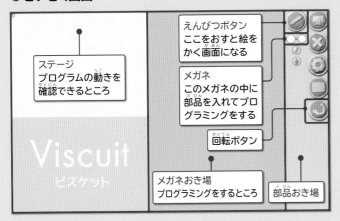

ステージ
プログラムの動きを確認できるところ

えんぴつボタン
ここをおすと絵をかく画面になる

メガネ
このメガネの中に部品を入れてプログラミングをする

回転ボタン

メガネおき場
プログラミングをするところ

部品おき場

●絵をかく画面

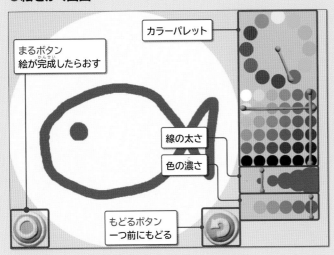

まるボタン
絵が完成したらおす

カラーパレット

線の太さ

色の濃さ

もどるボタン
一つ前にもどる

●メガネの使い方

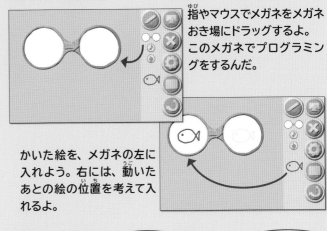

指やマウスでメガネをメガネおき場にドラッグするよ。このメガネでプログラミングをするんだ。

かいた絵を、メガネの左に入れよう。右には、動いたあとの絵の位置を考えて入れるよ。

●動かし方の例

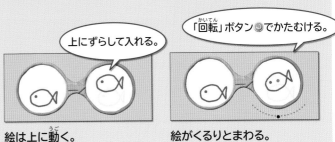

同じ位置に入れる。
絵をかえたところが動く。

下にずらして入れる。
絵は下に動く。

上にずらして入れる。
絵は上に動く。

「回転」ボタン◎でかたむける。
絵がくるりとまわる。

おにぎりゲームをつくろう!

自由にお絵かきできるビスケットで、「おにぎり」をおさらで受けとめるミニゲームをつくってみよう。おにぎりの種類やおさらをふやしたり、受けとめたときに音を出したり、くふうしていこう。

50分 めやすの時間	低 中 高 レベル:中学年初級

用意するもの

パソコンまたはタブレット　　　インターネット環境

① ビスケットでゲームをつくっていこう

ここでは、タブレットを使っていくよ。まず、ビスケットのアプリを専用のストアからインストールしよう。

アプリのインストールの方法は、46ページを見てね。

●インストールができたら、アイコンをタップして(指でポンとたたいてみてね)、画面を立ちあげよう。

●ビスケットの画面が開くよ。ここでは、いちばん下の「じゆうにつくる」をタップしよう。

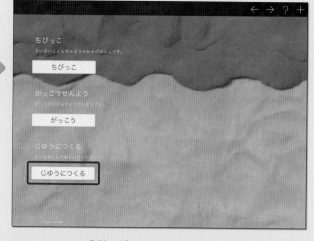

えんぴつボタン
ここをおすと絵をかく画面になる

メガネ
このメガネの中に部品を入れてプログラミングをする

ステージ
プログラムの動きを確認できるところ

メガネおき場
プログラミングをするところ

部品おき場

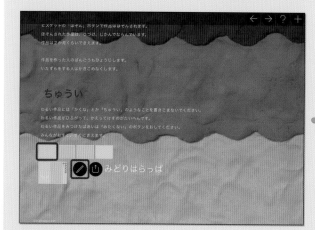

●ステージの色をえらび、えんぴつのアイコンをタップしよう。作品をつくる画面にかわるよ。

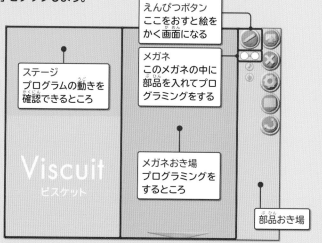

●右がわにならんでいるアイコンの中から、「えんぴつ◯ボタン」をタップして、お絵かきの画面を出そう。これからお絵かきをしていくよ。

おにぎりをかこう

お絵かきの画面が出たかな。まずは、「おにぎり」をかいていこう。
右上にあるまるいパレットから、色をえらんでいくよ。

白をえらぶ場合は、
四角いパレットの
左上にある白まるを
タップしよう。

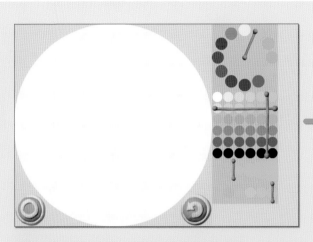

●右上のまるいパレットの中からかきたい色をタップして
えらぶと、その下の四角いパレットで、色の濃さなどをえら
べるようになるよ。

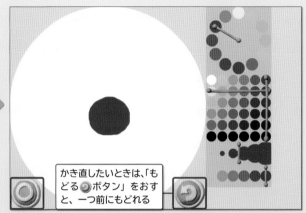

かき直したいときは、「も
どる◉ボタン」をおす
と、一つ前にもどれる

●白をえらんだら、左の円の中に三角形のおにぎりをかいて
いこう。かけたら、色を赤にかえて、うめぼしもかこう。絵が
かけたら、左下にある「まる◉ボタン」をタップしよう。

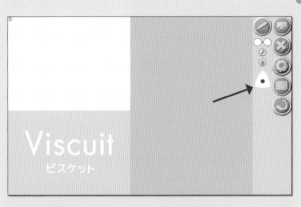

●もとの画面にもどり、かいたおにぎりの絵が、右の部品
おき場のところに出てきたかな。つぎからはいよいよ、こ
の画面でプログラムをつくっていくよ。

③ おにぎりが落ちてくる プログラムをつくろう

プログラムをつくるときは、「メガネ」のアイコンを
使おう。まずはメガネのアイコンを、メガネおき場
にドラッグ＆ドロップしよう。その中に、おにぎり
を入れていくよ。

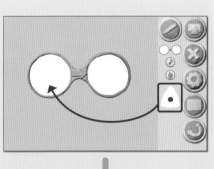

●メガネの左に、もと
の絵を入れるよ。部
品おき場からおにぎ
りをドラッグして入れ
ていこう。

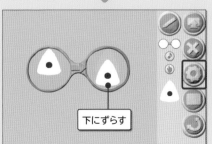

下にずらす

●右にも同じように
ドラッグして、少し下
にずらして入れよう。
これで、おにぎりが下
に動いていくプログ
ラムになるよ。できた
ら、「歯車◉ボタン」
をタップしよう。

タブレットで「ドラッグ」する
ときは、動かしたいものを指で
さわって、そのまま、移動したい
ところまで動かすよ。

動かしおわったら、
指をはなそう。
これが「ドロップ」
だよ。

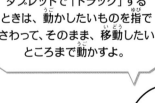

④ ステージの背景を水色にかえて おにぎりをおこう

背景の色は、好きな色をえらんでね。

白いおにぎりが見やすいように、ステージの背景の色を水色にかえていこう。ステージでは、絵が動くのを確認できるんだ。

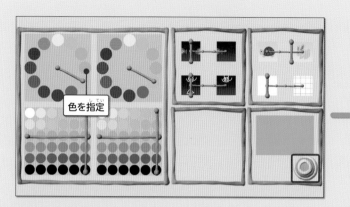

色を指定

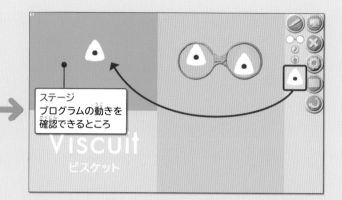

ステージ
プログラムの動きを確認できるところ

●色をえらぶ画面になったら、水色を指定して、右下の「まる ◎ボタン」をタップしよう。ステージの背景の色がかわるよ。

●ステージに、おにぎりをドラッグするよ。おにぎりが下に落ちていくよね。つくったプログラムが、ここで確認できるよ。

⑤ おにぎりを受けとる、おさらをつくろう

もういちど「えんぴつ ◎ボタン」をタップして、つぎは、おさらをかいていこう。かけたら、こんどはおさらのプログラムをつくっていくよ。新しい「メガネ」をメガネおき場にドラッグ＆ドロップしよう。

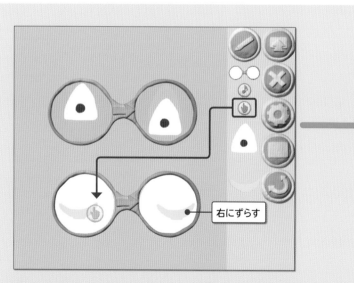

右にずらす

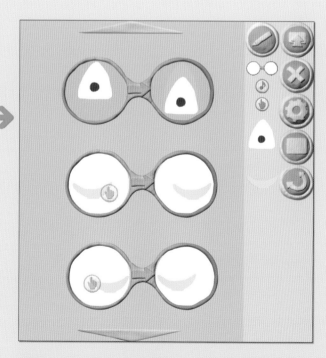

●メガネの左に、おさらの絵をドラッグ＆ドロップするよ。そして、部品おき場にある「ゆび ◎ボタン」を、おさらの右はしにドラッグ＆ドロップして入れよう。

●つづいて、メガネの右に、おさらを少し右にずらして入れよう。これで、おさらの右はしをタップすると、おさらが右に動くプログラムの完成だ。

●同じように、もう一つメガネを入れて、おさらの左はしをタップしたら、おさらが左に動くプログラムもつくろう。できたら、おさらの絵を左上の水色のステージにドラッグするよ。

6 おさらが左右に動くか確認しよう

「ゆび〇ボタン」でつくった、指でタップするとおさらが左右に動くプログラムが、きちんとできているか、確認しよう。

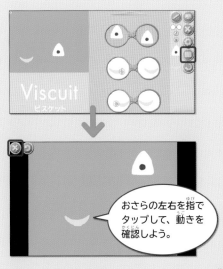

おさらの左右を指でタップして、動きを確認しよう。

●右の「四角〇ボタン」をタップすると、画面が広がって、おさらの動きを確認できるよ。おさらの左右をタップして動かしてみよう。確認できたら、左上の「閉じる〇ボタン」をタップして、もとにもどろう。

7 おさらでおにぎりを受けとめるプログラムをつくろう

指でおさらの位置を動かして、おさらの中におにぎりが入ったときに、おにぎりが消えるようにしてみよう。新しくメガネをメガネおき場にドラッグ＆ドロップしよう。

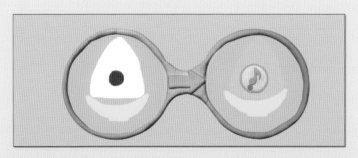

●上の図のようにおにぎりとおさらを入れたら、右のメガネにあるおさらの上に「音ぷ〇ボタン」を入れるよ。これで、おにぎりがおさらの中に入ると、おにぎりが消えて音が鳴る、というプログラムの完成だ。

●こんども同じように、「四角〇ボタン」をタップして、ステージの画面を広げて、動きをたしかめてみよう。

8 おにぎりをふやして、にぎやかにしよう

おにぎりは、画面の好きなところに何個でもおくことができるよ。ほかの種類のおにぎりや、がらのちがうおさらもふやしてみよう。

かんせい
完成！

見て〜！
ぼくにも
つくれた！

絵やプログラムの数をふやして、いろいろ楽しんでみてね！

マイクロビットでハンドベルをつくろう！

マイクロビットに、ふると音が出るようプログラミングして、ハンドベルのような電子楽器をつくろう。

Check! マイクロビットでできること

| 文字や記号を光らせる | 動きや速さをはかる | 明るさや温度をはかる | 無線でやりとりする |

マイクロビットでは、こんなものがつくれる！

じゃんけんゲーム

マイクロビットをふったり、ボタンをおすと、「グー」「チョキ」「パー」のどれかが光るプログラムがつくれるよ。みんなでじゃんけん大会をしてあそぼう。

オルゴール

箱を用意して、スピーカーをつないだマイクロビットをふたに取りつけよう。「〇度かたむけたら音楽が鳴る」とプログラミングすれば、ふたが開くとメロディーが流れるよ。
「まわりの温度が〇度をこえたら音が鳴る」など、ほかのセンサーの機能も使って、いろいろなオルゴールをつくってみよう。

ほかにも、パラパラまんがや宝さがしなど、アイデアしだいで楽しいあそびがたくさんできるよ！

そんなこともできるの!?楽しそう！

サイコロ

LEDを数字に見えるように光らせれば、マイクロビットをふるたびに、1〜6までのどれかの数字が光るサイコロになるよ。すごろくにも使えるね。

Q マイクロビットって何?

マイクロビット（micro:bit）は、イギリスで生まれたコンピュータだ。とても小さい本体の中に、LED ライトやセンサー、無線、ボタンスイッチなど、たくさんの機能が入っていて、プログラミングして動かすことができるよ。

Q どうやって使うの?

パソコンにつないで、インターネットで公開されている「MakeCode」という専用のアプリでプログラミングするよ。「MakeCode」では、ブロックをならべてプログラムをつくるんだ。つくったプログラムは保存して、マイクロ USB ケーブルを通してマイクロビットに転送するよ。

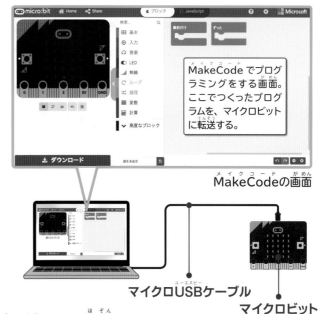

MakeCode でプログラミングをする画面。ここでつくったプログラムを、マイクロビットに転送する。

MakeCodeの画面

マイクロUSBケーブル

マイクロビット

図解 | ## マイクロビットの表と裏は、こうなっている!

たて43mm、横52mm、あつさ11mmの小さな土台の上に、こんなにたくさんの機能があるんだ!

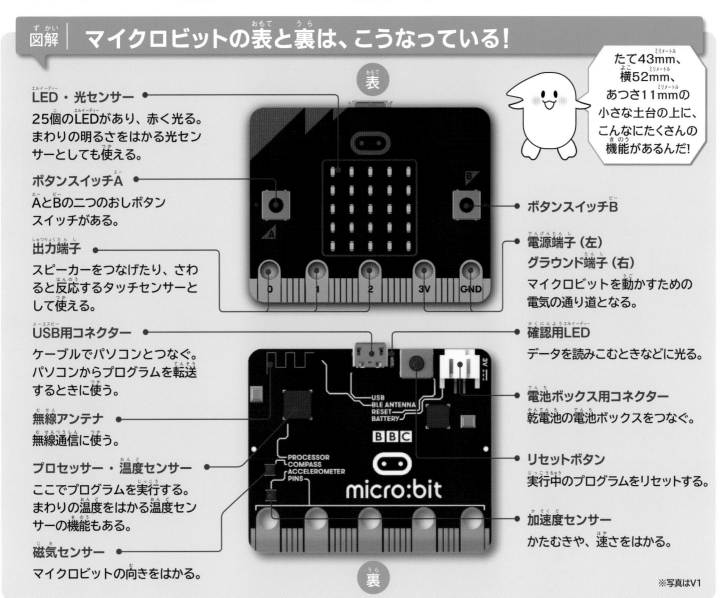

表

LED・光センサー
25個のLEDがあり、赤く光る。まわりの明るさをはかる光センサーとしても使える。

ボタンスイッチA
AとBの二つのおしボタンスイッチがある。

出力端子
スピーカーをつなげたり、さわると反応するタッチセンサーとして使える。

USB用コネクター
ケーブルでパソコンとつなぐ。パソコンからプログラムを転送するときに使う。

無線アンテナ
無線通信に使う。

プロセッサー・温度センサー
ここでプログラムを実行する。まわりの温度をはかる温度センサーの機能もある。

磁気センサー
マイクロビットの向きをはかる。

ボタンスイッチB

電源端子（左）
グラウンド端子（右）
マイクロビットを動かすための電気の通り道となる。

確認用LED
データを読みこむときなどに光る。

電池ボックス用コネクター
乾電池の電池ボックスをつなぐ。

リセットボタン
実行中のプログラムをリセットする。

加速度センサー
かたむきや、速さをはかる。

裏

※写真はV1

マイクロビットで
ハンドベルを
つくろう！

マイクロビットをかたむけたら「ド、ミ、ソ、ド」の音が鳴るように
プログラミングして、ハンドベルのような電子楽器をつくろう。
なれれば、曲もつくれるよ。

60分	低　中　高
めやすの時間	レベル:中学年中級

用意するもの

パソコン　インターネット環境　マイクロビット micro:bit

スピーカー　電池ボックス　ワニ口クリップ　マイクロUSBケーブル（タイプA・B）

１ パソコンでMakeCodeの画面を出そう

マイクロビットでプログラミングをするときは、MakeCode という専用
のアプリでつくるよ。パソコンのブラウザ上で、できるんだ。

ブラウザの検索キーワードに「マイクロビット」「メイクコード」と入力して、アクセスする方法もあるよ。

「新しいプロジェクト」をクリックすると、プログラムをつくる画面になるよ。

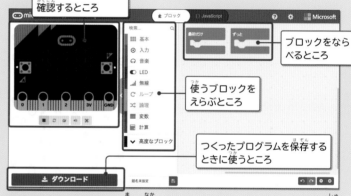

プログラムの動きを確認するところ

ブロックをならべるところ

使うブロックをえらぶところ

つくったプログラムを保存するときに使うところ

●インターネットに接続して、ブラウザを立ちあげてhttps://
makecode.microbit.org/（MakeCodeのサイト）にアク
セスしよう。これが、MakeCodeの最初の画面だよ。

●左にマイクロビット、真ん中にはプログラミング用のブロックの種
類がならんでいるよ。

２ MakeCodeを使ってみよう

まずは、LED を光らせるかんたんなプログラムをつくって、マイクロビット
の動きや MakeCode の使い方になれてみよう。

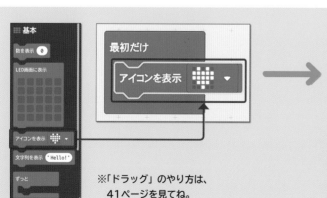

※「ドラッグ」のやり方は、41ページを見てね。

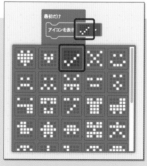

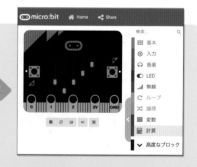

●「基本」のブロックの中から「アイコンを表示」のブロックをえらんで、
右の画面にある「最初だけ」のブロックに、ドラッグして入れこむよ。

●このアイコンは、あらかじ
め用意されている中から好
きなものをえらぶことができ
る。ここでは「チェック」マー
クをえらんでみよう。

●画面の左にあるマイクロビット
のLEDが、チェックマークにか
わったのがわかったかな。つくった
プログラムは、こうやってすぐに確
認できるよ。

❸ かたむけたら音が鳴る プログラムをつくろう

それでは、ハンドベルのプログラムをつくっていこう。
最初に、ふったら鳴るハンドベルのように、マイクロビットを
かたむけたときに音が鳴るようにしていこう。

マイクロビットの
ロゴマークは、
ここにあるよ！

この中から
「ロゴが上になった
とき」をえらぶよ。

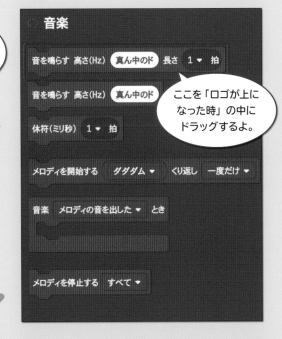

ここを「ロゴが上に
なった時」の中に
ドラッグするよ。

●まず、ロゴマーク（このページの右上を見てね）を上に向
けたときに「ド」の音が鳴るように、プログラミングするよ。
かたむきの動きのプログラムをつくるときは、「入力」のと
ころにある「ゆさぶられた時」のブロックを使うよ。「ゆさ
ぶられた」の右にある▼をクリックしてみよう。

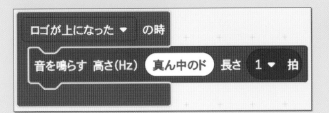

●▼をおしたら出てくる「ロゴが上になった時」の
中に、「音楽」の中にある「音を鳴らす」ブロックを
はめてみよう。
これで、マイクロビットを上を向けると「ド」の音が
鳴るプログラムができたよ。

❹ ちゃんと音が鳴るか、ためしてみよう

プログラムができたら、ちゃんと音が鳴るか、MakeCode の中で
ためしておこう。マウスを画面の左にあるマイクロビットの上にもっ
ていくと、確認できるよ。

画面の中で
確認できるのね。

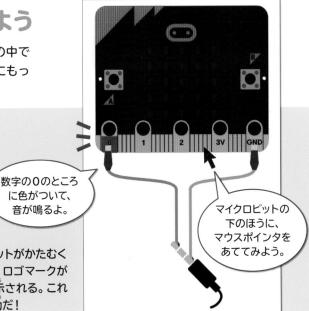

数字の0のところ
に色がついて、
音が鳴るよ。

マイクロビットの
下のほうに、
マウスポインタ
をあててみよう。

●マウスをおく位置によって、マイクロビットがかたむく
よ。マウスを下がわの部分に移動すると、ロゴマークが
上になったときのように、かたむいて表示される。これ
で音が鳴れば、つくったプログラムは成功だ！

5 いろいろな動きでちがう音を鳴らそう

つぎは、ロゴを下に向けたとき、左に傾けたとき、右に傾けたときに、それぞれ「ミ」「ソ」「ド」の音が鳴るようにしていこう。同じように、ブロックをならべていくよ。

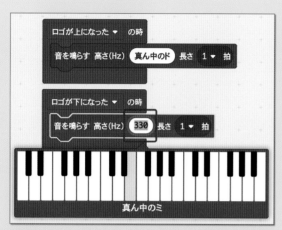

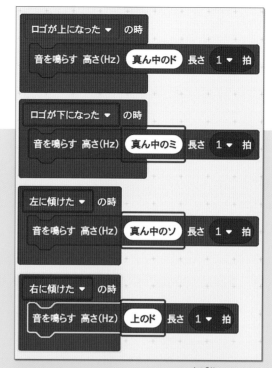

●やり方は、「ド」のときと同じだよ。「真ん中のド」の部分をクリックすると、けんばんが出てくる。ここで、鳴らしたい音をえらぶよ。

●これで、「ド」「ミ」「ソ」「ド」の4種類の音が鳴らせるようになったね。

6 プログラムをマイクロビットに転送しよう

いよいよ、マイクロビット本体を使っていくよ。パソコンとマイクロビットをケーブルでつないで、MakeCodeでつくったプログラムを転送していこう。

> つくったプログラムを、マイクロビット本体で楽しもう!

> ここに入力しょう。

⬇ダウンロード ハンドベル 🖫

●MakeCodeの画面の下の方に「ダウンロード」のボタンがある。その右に、プログラムの名前を入れるところがある。ここに「ハンドベル」と入力しよう。

micro:bitにダウンロードしましょう ✖

① USBケーブルを使用して、micro:bitをコンピュータに接続してください
micro:bitの上部にあるマイクロUSBポートを使用してください。

② .hexファイルをmicro:bitに移動してください
Locate the downloaded .hex file and drag it to the MICROBIT drive

microbit-ハンドベル.hex ⬇ Help ?

●パソコンとマイクロビットを、マイクロUSBケーブルでつなごう。ダウンロードしたデータは、パソコンの「ダウンロード」フォルダなどに入っている。このデータをえらんで、マイクロビットにコピーすることで、プログラムがマイクロビットに転送されるよ。

●ダウンロードボタンをクリックすると、つくったプログラムがパソコンにダウンロードされる。画面には、左のような案内が出てくるよ。

> データのコピー中は、マイクロビットのLEDが光るよ。

スピーカーにつなごう

プログラムの転送がおわったら、マイクロビットにスピーカーや
電池ボックスをつないで、かたむけたら音が鳴るかたしかめよう。

ラップのしんや、細長い箱などにくくりつけるとふりやすくなるよ。

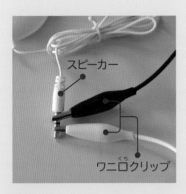
●スピーカーとワニロクリップをつなぐ。

●ワニロクリップをマイクロビットにつなぐ。

●マイクロビットに、電池ボックスをつなぐ。

●ラップのしんなどに、わゴムで固定すると、ふりやすくなるよ。

 かざりつけをしよう

スピーカーなどをつないだら、実際にかたむけてみよう。
「ド」「ミ」「ソ」「ド」の4種類の音が、ちゃんと鳴るかな?
工作が得意な人は、いろいろなかざりつけをするのもいいね。

かんせい
完成!

どうめいなふくろにくるんでいるよ。

ふくろでくるむとコードをまとめることができるよ。

マスキングテープや色紙などでかざりつけをしてみてね。

すごい!鳴らす音をかえたら、合奏もできちゃうね。

わっ!鳴ってるよ!やった〜!

スクラッチで物語の世界をつくろう！

はじめてでも、かんたんにはじめられるスクラッチを使って、動く物語をパソコンでつくってみよう。

すやすやすや

Check! スクラッチでできること

アニメーションをつくる　　ゲームをつくる　　絵や写真を読みこんで動かす　　音を鳴らしてリズムをつくる

スクラッチでは、こんなものがつくれる！

楽しいミニゲーム

シューティングゲームやパズルゲーム、ものをキャッチするゲーム、ピンポンゲームなど、スクラッチではいろいろなゲームをつくることができるよ。オリジナルの楽しいゲームをつくろう。

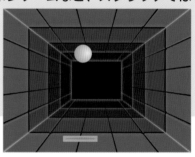

オリジナルアニメーション

キャラクターや絵を動かしたり、音を鳴らしたり、セリフを入れたりして、自分だけのアニメーションがつくれるよ。とんだり走ったり、動きをつくってみよう。背景をどうするか考えるのも、楽しみの一つだよ。

スクラッチはマイクロビットとつないで、マイクロビットをリモコンにしてあそぶゲームもつくれるんだ！

すごいね！なれてきたらやってみたい！

画面がかわるバースデーカード

パソコンの画面をクリックすると何かがおこる、しかけ入りのバースデーカードをつくれるよ。ケーキをクリックすると、ろうそくの火を消したりできるんだ。家族や友だちのたんじょう日にプレゼントしたら、よろこんでくれるかな。

ろうそくをフーッして！

Q スクラッチって何?

ス クラッチ (Scratch) は、指示が書いてあるブロックをならべていくだけで、プログラミングができるんだ。はじめてプログラミングをするみんなも楽しく進められるよ。世界中で1億人※をこえる子どもたちが、スクラッチを使って作品をつくっているよ。

Q どうやって使うの?

イ ンターネットにつながったパソコンでスクラッチのウェブサイトにアクセスして、プログラミングできるよ。また、パソコンにインストールして利用する「Scratch Desktop」を使えば、インストールしたあとはインターネットにつながっていなくても利用できるよ。　　※2023年3月現在の人数です。

新しくプログラムをつくるときは、ここをクリックする

物語や、ゲーム、アニメーションを作ろう
世界中のみんなと共有しよう

つくったアニメやゲームの作品を
世界中に公開することもできる

注目のプロジェクト

●スクラッチの最初の画面
(https://scratch.mit.edu/)

図解 | スクラッチのきほんの画面はこうなっている!

スクラッチで
プログラミングする
メインの画面の
「コード」だよ。
大きく五つに
分かれているよ!

キャラクターの今いる場所は、X(横)とY(たて)の「座標」に数字を入れてあらわすことがあるよ。ステージを四つに分けたとき、XとYはだいたい、このような数になる。いろいろな数字を入れて、キャラクターを動かしてみてね。

X は0
Y は180

X は -240
Y は0

X は 240
Y は0

真ん中にいるとき
X は0、Y は0

X は0
Y は -180

●キャラクターの場所

操作画面には「コード」のほかに、「コスチューム」と「音」がある。ここをクリックすると、画面が切りかわる。

カテゴリ
使うブロックの種類をえらぶところ。種類べつに色が分けられている。

ブロックリスト
たくさんならんだブロックの中から、使うブロックをえらぶところ。右のコードエリアにドラッグ&ドロップする。

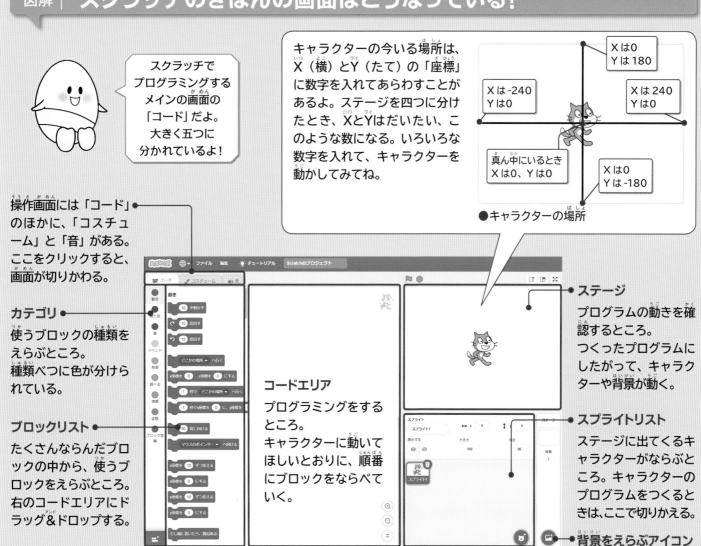

コードエリア
プログラミングをするところ。キャラクターに動いてほしいとおりに、順番にブロックをならべていく。

● ステージ
プログラムの動きを確認するところ。つくったプログラムにしたがって、キャラクターや背景が動く。

● スプライトリスト
ステージに出てくるキャラクターがならぶところ。キャラクターのプログラムをつくるときは、ここで切りかえる。

● 背景をえらぶアイコン

※スクラッチでは、キャラクターのことを「スプライト」とよびます。

スクラッチで
物語の世界をつくろう!

自分でつくった作品を主人公にして、短い物語をつくってあそぼう。おり紙やねん土でつくったり、クレヨンなどでかいたイラストをカメラで取りこんで、背景やセリフを入れていくよ。

60分
めやすの時間

低 中 高
レベル:中学年中級

用意するもの

パソコン　　　インターネット環境
※インターネット接続は、Scratch Desktopのインストールのときに必要です。

1 キャラクターを用意しよう

おり紙やねん土でつくったり、クレヨンなどで紙にかいたりして、キャラクターを用意しよう。スクラッチの中でもかけるよ。

ここでは、おり紙でうさぎとかめをつくって、みんなの知っているお話ににた世界にしてみるよ。

2 スクラッチを立ちあげよう

インターネットなしで使える「Scratch Desktop」を使って、プログラミングしていこう。Scratch Desktopのインストールついては、46ページを見てね。

「ファイル」をクリックすると「新規」が出る

ここをクリックしてねこを消しておこう。

●立ちあげた画面だ。新しくプログラミングをはじめるには、「ファイル」から「新規」をえらぶよ。今回は、ねこのキャラクターは使わないので、右上にあるごみ箱のアイコンをクリックして消そう。

3 キャラクターをスクラッチに取りこもう

つくったキャラクターをパソコンのカメラで読みとって、スクラッチに取りこんでいくよ。右下のねこのアイコンにマウスをあててみてね。

●上に出てきた「ペン」のアイコンをクリックしよう。「コスチューム」の画面に切りかわって、右下に真っ白な「スプライト」のわくがでてくるよ。

真っ白な「スプライト」のわく

●左下にある「コスチュームをえらぶ」のアイコンにマウスをあわせて、出てきたアイコンの中から「カメラ」をクリックしよう。

うまくいかなくてもなんどでもとり直せるよ。よければ「保存」をおすと、取りこみができるよ。

●画面に、今パソコンのカメラにうつっている画像がうつるよ。撮りたいキャラクターを、なるべく画面の真ん中にくるようにして、「写真を撮る」をクリックしよう。

④ キャラクターのまわりを きれいにしよう

このままでは、キャラクターのまわりによけいなものがうつっているね。左下にある「消しゴム🧽」アイコンを使って、消していこう。

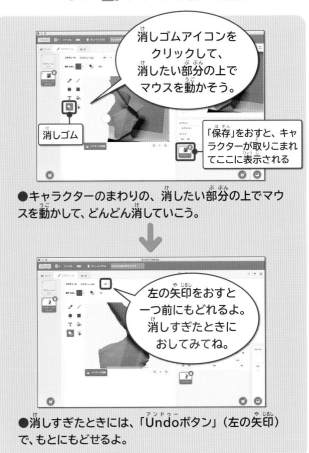

消しゴムアイコンをクリックして、消したい部分の上でマウスを動かそう。

消しゴム

「保存」をおすと、キャラクターが取りこまれてここに表示される

●キャラクターのまわりの、消したい部分の上でマウスを動かして、どんどん消していこう。

左の矢印をおすと一つ前にもどれるよ。消しすぎたときにおしてみてね。

●消しすぎたときには、「Undoボタン」(左の矢印)で、もとにもどせるよ。

⑤ 好きな背景を えらぼう

プログラムをつくる前に、真っ白な背景を、好きな風景にかえてみよう。右下にある、「背景を選ぶ」のアイコンをクリックしよう。

背景を選ぶ

ここをクリックしよう。

●あらかじめ用意された背景がたくさん出てくるよ。好きな背景をえらんでクリックしよう。

●ここでは「Beach Malibu」をえらんだよ。キャラクターの背景がかわるよ。

⑥ キャラクターにセリフを言わせよう

ここから、キャラクターを動かすプログラムをつくっていこう。左上の「コード」のタブをクリックして、「イベント」の中からブロックをえらぶよ。

物語のあらすじを考えるのも楽しいよね!

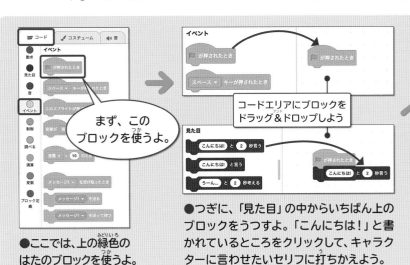

まず、このブロックを使うよ。

コードエリアにブロックをドラッグ&ドロップしよう

●ここでは、上の緑色のはたのブロックを使うよ。

●つぎに、「見た目」の中からいちばん上のブロックをうつすよ。「こんにちは!」と書かれているところをクリックして、キャラクターに言わせたいセリフに打ちかえよう。

●うさぎのセリフを「むこうの山まで競争だ」にしたよ。

●緑色のはたをクリックすると、セリフがキャラクターのいる画面にあらわれるよ。

7 キャラクターを動かそう

つぎに、うさぎを画面の左はしから右はしまで動かすプログラムをつくってみよう。いろいろな方法があるけれど、ここでは、つぎのブロックを使うよ。

コードの種類ごとにブロックの色が分かれているからさがしやすいね!

画面の右上にある緑色のはたをクリックすると、キャラクターや背景の動きを確認できるよ。

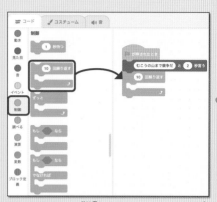

●カテゴリの「制御」の中から、「10回繰り返す」のブロックをえらんで、コードエリアにドラッグするよ。セリフのブロックの下に、つなげていこう。

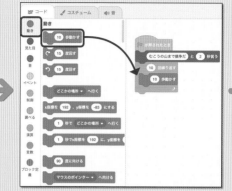

●つづいて、カテゴリの「動き」の中から、「10歩動かす」のブロックをドラッグして、「10回繰り返す」のあいだにはめこんでいこう。

座標の数字については23ページを見てね

●うさぎが右はしまで行ったら、すーっと画面からいなくなるようにしてみよう。カテゴリの「動き」と「見た目」の中から、上のブロックもあいだに入れて、くわえていくよ。

8 新しいキャラクターをくわえよう

こんどは、かめをおり紙でつくって、スクラッチに取りこもう。方法は、うさぎのときと同じだよ。セリフと動きもつけていこうね。

画面の上の方にある緑色のはたをクリックして、うさぎがすーっと行ったあとでかめがゆっくり移動したら、最初の場面の完成だ!

「制御」からドラッグ

「見た目」からドラッグしてセリフを入れよう

「動き」からドラッグして数をかえよう

●前のページでしょうかいした、①から④までのやり方で、かめを取りこもう。パソコンのカメラで撮影して、まわりをきれいにして「保存」すると、同じ画面にかめがあらわれるよ。

●かめのプログラムもつくろう。うさぎのセリフのあとに、「まけないぞー」と言うように、「○秒待つ」というブロックを使おう。ゆっくり動くように、動きは1歩ずつにしよう。

⑨ ゴールの場面をつくろう

場面をかえて、うさぎがねている横を、かめがゆっくり進んでゴールするプログラムをつくっていこう。まずは、新しい背景を入れるよ。

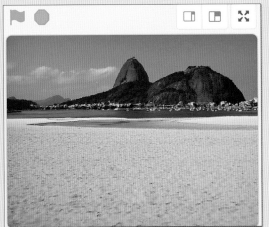

●25ページのステップ⑤と同じように、「背景を選ぶ」のアイコンから、好きな背景をえらぼう。ここでは「Beach Rio」をえらんだよ。

> ここをクリックすると背景の名前が出てきてえらべる

```
が押されたとき
背景を  Beach Malibu ▾  にする
x座標を  -150  、y座標を  40  にする
表示する
    2  秒待つ
    まけないぞー  と  2  秒言う
    400  回繰り返す
        1  歩動かす
隠す
背景を  Beach Rio ▾  にする
```

●かめのプログラムにカテゴリの「見た目」から、背景のブロックを二つくわえて、場面を切りかえるプログラムをくわえていこう。

```
x座標を  -200  、y座標を  40  にする
表示する
    300  回繰り返す
        1  歩動かす
    いちばーん！  と  2  秒言う
```

●さらに、かめがゆっくり動いてゴールしたあとに「いちばーん！」とさけぶセリフを入れよう。これまでにならべたブロックの下に、つづけて上のように新しいブロックをつなげていこう。

> これまでつくったブロックとはべつに、新しくならべよう。

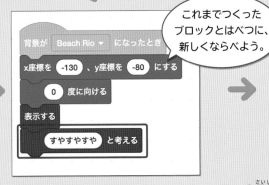

```
背景が  Beach Rio ▾  になったとき
x座標を  -130  、y座標を  -80  にする
    0  度に向ける
表示する
    すやすやすや  と考える
```

●うさぎがねているようすも、くわえよう。画面右下にある、うさぎが表示された「スプライト」をクリックするよ。うさぎのコードエリアに、上のように新しいブロックをならべよう。

```
が押されたとき
x座標を  -180  、y座標を  -80  にする
    90  度に向ける
表示する
    むこうの山まで競争だ  と  2  秒言う
    10  回繰り返す
        40  歩動かす
隠す
```

> 「動き」からドラッグ

●最初につくったプログラムに、上のようにブロックを一つくわえたら、完成だ。このブロックをくわえておかないと、つぎに緑色のはたをクリックしたときに、うさぎの動きがかわってしまうんだ。

かんせい
完成！

いちばーん！

すやすやすや

（かめが勝つ場面）

> こんどは、もともとあるキャラクターからえらんでみる！

> わっ！こんなにたくさんの中からえらべるのね！

マインクラフトで天空の庭園をつくろう！

大人気のゲーム、マインクラフト。実はパソコンでプログラミングをすることもできるよ。

check! マインクラフト（のプログラミング）でできること

- ゲームの世界でプログラミング
- ロボットを思いどおりに動かす
- ロボットに建築を手伝わせる

マインクラフトでプログラミングすると、こんなことができる！

ロボットに指示

マインクラフトの世界で、自分だけのロボットに指示が出せるよ。建築を手伝わせたり、地面をほって鉱物をさがしてもってくるプログラムをつくれるよ。

好きな動物を自動で発生

プログラミングで、自分の好きな動物を、好きなところに好きなだけつくれるよ。たくさんの大好きな動物にかこまれてみたい！ という思いがかなえられると思うと、ワクワクしてくるね。

ゲームだけではできないことが、プログラミングすることでできるんだ！

楽しいワールドをつくる

プログラミングで、いろいろな「しかけ」をつくれるよ。テレポートする床や、ふむとめずらしい動物が出せるしかけなど、アイデアは自由だ。どんなしかけがあるといいか、考えながら、いろいろつくってみてね。

わー、知らなかった！やってみたい！

Q マインクラフトって何?

パソコンやタブレット、ゲーム機であそべる、人気のゲームだよ。3D(立体)の世界でキャラクターを動かして、ブロックを組みあわせていろいろな構造物をつくるんだ。何もないところから、自分だけの世界をつくれるよ。

●教育版マインクラフトの公式Webサイト

Q マインクラフトでプログラミングって?

この本では「教育版マインクラフト(Minecraft Education)」を使って、プログラミングをするよ。「MakeCode」という機能が用意されていて、プログラミングがはじめての人でも、ブロックを組み立てることでかんたんにプログラミングができるよ。教育版マインクラフトのインストールは、おうちの人に相談してね。

※入手方法については47ページも見てね。

「MakeCode」は、プログラミングするためのアプリだよ。教育版マインクラフトにあらかじめ用意されているよ。

図解 | MakeCodeの画面は、こうなっている!

●MakeCodeでプログラムをつくる画面

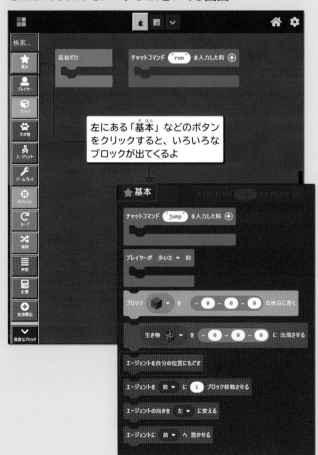

左にある「基本」などのボタンをクリックすると、いろいろなブロックが出てくるよ

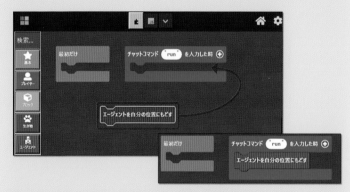

●いろいろあるブロックの中から、えらんでならべていくよ。使いたいブロックをマウスでドラッグしよう。

●「MakeCode」でブロックをならべることで、「エージェント」というロボットを自由に動かすことができるんだ。(左の画像は「マインクラフト」の画面)

マインクラフトで
天空の庭園をつくろう！

90分	低 中 高	
めやすの時間	レベル：中学年上級	

用意するもの

パソコン（Windows10/11）　インターネット環境

ゲーム機で大人気のマインクラフト。プログラミングの機能を組みあわせれば、できることがもっと広がるよ。プログラミングならではの機能をどんどん取り入れて、楽しい庭園をつくっていこう。

● プレーヤーの動かし方
（キーボードのボタン操作）

キーボードの使い方は42ページも見てね。

F5：プレーヤーを出す
A：左に進む
W：前に進む
S：うしろに進む
D：右に進む
「スペース」キー：
1回おす→ジャンプする
2回おす→空中にうかぶ

マウスを前後左右に動かすと、プレーヤーの視点がかわるよ。

1 マインクラフトを起動して新しいワールドをつくろう

スタートメニューから、「マインクラフト（Minecraft Education）」を立ちあげよう。「遊ぶ」から世界を用意していこう。

（立ちあげたときの画面）

● 「新しく作る」をえらんで世界をつくり、設定していくよ。プレイモードは「クリエイティブ」、世界のタイプは「フラット」、モブの発生は「しない」をえらんで、「遊ぶ」をクリックしよう。

● 草原が広がる何もない世界に、いろいろなものをつくっていくよ。キーボードの「Shift」と「F5」キーを同時におすと、プレーヤーがあらわれるモードになるよ。

2 MakeCodeの画面を開こう

つぎに、プログラミングをするためのMakeCodeを開こう。キーボードの「C」キーをおすだけで開くことができるよ。

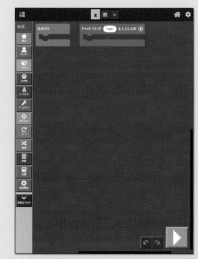

（MakeCodeをえらぶ画面）

（MakeCodeを立ちあげたときの画面）

（MakeCodeのプログラミングをする画面）

● 教育版マインクラフトでは、プログラミングをする方法を3種類からえらぶことができるよ。ここではいちばん上の「MakeCode」をえらぼう。

● MakeCodeが開いたら、「新しいプロジェクト」をクリックして、プロジェクトの名前をつけよう。名前は自由につけられるよ。

● プロジェクトの名前を入れると、プログラミングができる画面が開くよ。

③ ロボット（エージェント）を確認しよう

MakeCode の画面が出たら、マインクラフトの画面にもどろう。マウスを下にずらして、足下を見てみよう。ロボットがいるのがわかるかな。視点をかえると、目があうよ。

マインクラフトの画面は、青いわくでしめしているよ。MakeCode の画面と切りかえながら、進めていくよ。※

●このロボットは「エージェント」というよ。天空の庭園をつくるときに、手伝ってもらうよ。

※キーボードの「Alt」と「Tab」キーを同時におすと、MakeCode の画面に切りかえられるよ。

④ MakeCode でプログラミングをしていこう

エージェントが、プレーヤーの今いる場所に来て、1歩前に進むように指示してみよう。MakeCode の最初の画面には、ブロックが二つならんでいるね。ここに、左の「基本」の中から、ブロックをくわえていくよ。

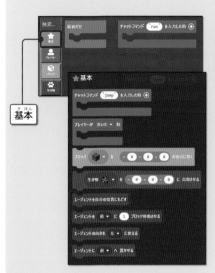

基本

スタートボタン

●「基本」にある、「エージェントを自分の位置にもどす」と、「エージェントを前に1ブロック移動させる」のブロックをドラッグしてはめこんでいこう。できたら、右下にある「スタート」ボタンをおそう。

⑤ ④でつくったプログラムをためそう

つぎは、マインクラフトの画面にもどるよ。すこしプレーヤーを移動させてから、「Enter」キーをおすと、画面の色がかわってチャットコマンドが開く。ここから、つくったプログラムを実行できるよ。

チャットコマンドが開いたところ。ここに「run」と入力するよ。

●チャットコマンドに「run」（ラン）と入力して、「Enter」キーをおそう。エージェントが足下のところまで移動してきて、さらに1歩前に動くよ。

⑥ 天空の庭園をつくる用意をしよう

それでは、MakeCode の画面にもどって、天空の庭園をつくるプログラムをつくる用意をしよう。エージェントに指示を出すには、新しいチャットコマンドを用意するよ。名前は「teien」にしよう。

ローマ字で入力しよう

●左にある「基本」から「チャットコマンド（"jump"）を入力した時」をえらぶよ。「jump」を「teien」に打ち直そう。これで用意ができたよ。

⑦ エージェントに草ブロックをもたせよう

では、天空の庭園をつくるプログラムをつくっていこう。まず、エージェントに必要な道具「草ブロック」を必要なだけもたせるよ。

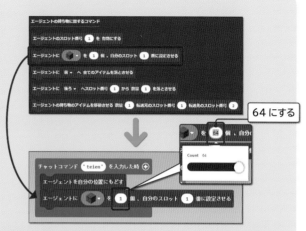

64にする

● 左の「エージェント」の中にあるブロックから、「エージェントを自分の位置にもどす」と「エージェントに○○を○個、自分のスロット（1）番に設定させる」をはめよう。数字の「1」をクリックして、「草ブロック」の数を最大の64にするよ。

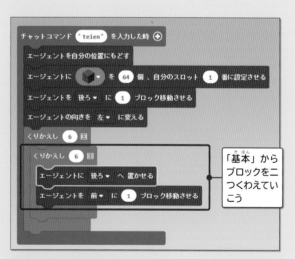

「基本」からブロックを二つくわえていこう

● 中の「くりかえし」のところに、もっている草ブロックを1個ずつ移動しながらおいていくよ。これで、草ブロックをたてに6個ならべられたよ。

見本の画面のように、向きや数を打ちかえながらブロックをならべていこう。あせらず、ゆっくりやっていこうね。

⑧ 草ブロックをたてに6個ならべよう

つぎに、草ブロックを、たて6個、横6個にならべた広さの庭園をつくるよ。まずは、たてに6個ならべていこう。

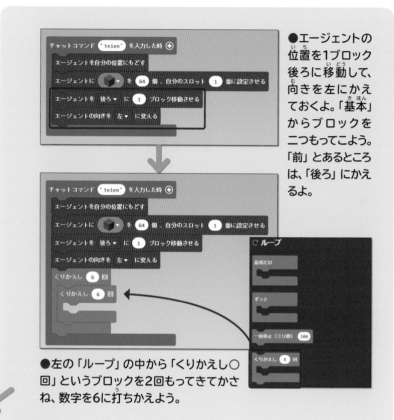

● エージェントの位置を1ブロック後ろに移動して、向きを左にかえておくよ。「基本」からブロックを二つもってこよう。「前」とあるところは、「後ろ」にかえるよ。

● 左の「ループ」の中から「くりかえし○回」というブロックを2回もってきてかさね、数字を6に打ちかえよう。

⑨ 同じ動きを横に6回くりかえそう

中のくりかえしのブロックの外がわにも、ブロックをくわえていくよ。たてにならべおわったところで、左に1ブロック移動するようにするんだ。

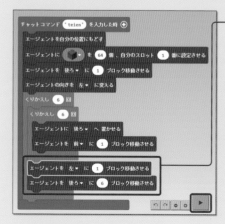

さらに、二つのブロックをくわえよう

● つづいて、「エージェントを後ろに6ブロック移動させる」をくわえるよ。これで、たてに6個の草ブロックをおく動きを、6回くりかえすプログラムができた。できたら、右下にある「スタート」ボタンをクリックしよう。

10 プログラムをためそう

マインクラフトの画面でプレーヤーを空中にうかべて、高いところに移動しよう。できたら、「Enter」キーをおしてチャットの画面を開き、「teien」と入力してから「Enter」キーをおそう。

「スペース」キーを2回おすと、プレーヤーが上に移動するよ。

●足下にロボットがあらわれて、草ブロックをおきはじめる。

できあがりの画面

ここに「cat」と入力するよ。

●マインクラフトの画面にもどって、庭園に移動しよう。「Enter」キーをおしてチャットを開いて、「cat」と入力すると、鳴き声がして10ぴきのねこが出てくるよ。

かんせい
完成!

11 庭園に動物をはなそう

MakeCode の画面にもどったら、庭園に、自分の好きな動物をはなしてみよう。ここでは、ねこにしたよ。「基本」から「チャットコマンド○○を入力した時」をドラッグして、「jump」を「cat」にかえるよ。

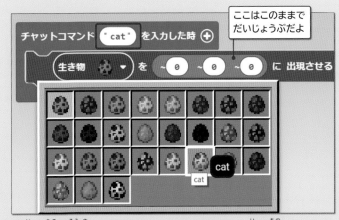

ここはこのままでだいじょうぶだよ

●生き物を操作するプログラムのブロックは、「生き物」の中にあるよ。「生き物を○○に出現させる」を使って、好きな生き物をえらんでいこう。

●これだけだと1ぴきしか出現しないので、「ループ」の中にある「くりかえし」のブロックを使って、好きな数だけ出現させてみよう。プログラムができたら、右下の「スタート」ボタンをおすよ。

プログラムの数字をかえれば、もっと大きな庭園だってつくれるよ。花も植えられるんだ。

つぎは、海の生き物を出してみようかな!

イチゴジャムで光るアクセサリーをつくろう！

小さなコンピュータ、イチゴジャムに LED を取りつけて、ピカピカ光るアクセサリーをつくろう。

Check! イチゴジャムでできること

LEDを光らせる　ゲームをつくる　電子工作　BASICでプログラミング

イチゴジャムでは、こんなものがつくれる！

ミニゲーム

オリジナルのミニゲームのプログラムをつくることができるよ。下の画像は、キャラクターを左右に動かして障害物をよける、川下りゲームだ。いろいろなプログラムの例が、インターネットに公開されているので、参考にしてみよう。

身近な道具や機械

イチゴジャムは、乾電池でも動くようにできる。いろいろな機械をつなぐことで、自動で仕事をしてくれるしかけが考えられるよ。たとえば、植物の水やりをしたり、気球にのせて空の上の温度を調べて帰ってきたイチゴジャムもいるよ。写真は、線路の部分に紙の電車をおくと、センサーが感知してふみきりが閉まる工作。

2巻で、イチゴジャムを自分で組み立ててつくる方法をしょうかいしているよ。見てみてね！

いろいろな工作ができるのって楽しそう！

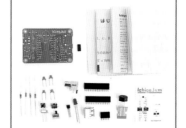

イチゴジャムは自分でもつくれる！

バラバラの部品を自分でつなぎあわせて、イチゴジャムをつくることもできるよ。CPU などのだいじな部品を自分でつないでいくんだ。はんだ付けという、金属をとかしてつなぐ方法などでつくるよ（写真は組み立てキット）。

Q イチゴジャムって何?

イチゴジャム（IchigoJam）は、子どもでも気軽に使える手のひらサイズのパソコンだ。初心者向けの「BASIC」というプログラミング言語で、キーボードからアルファベットや数字、記号を入力してプログラミングをするよ。

Q どうやって使うの?

家にあるテレビやキーボード※などとつなげば、すぐにプログラミングがはじめられるよ。つくったプログラムは保存しておくこともできる。イチゴジャムにモーターや LED などの機械をつないで、プログラムで動かすこともできるんだ。光るアクセサリーには、4色 LED をつなぐよ。

●接続のしかた

テレビ（ディスプレイ）
キーボード
電源

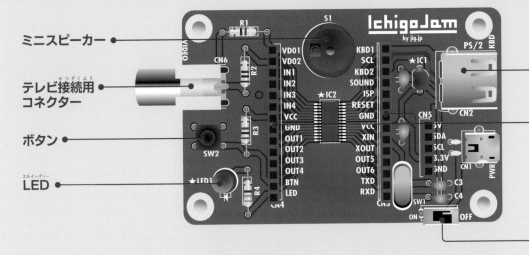

映像用ケーブル
（テレビにつなげる）

マイクロ USB ケーブル
（電源につなげる）

※ USB と PS2 に対応した
キーボードが推奨されています。

図解｜イチゴジャムのつくりは、こうなっている!

イチゴジャム

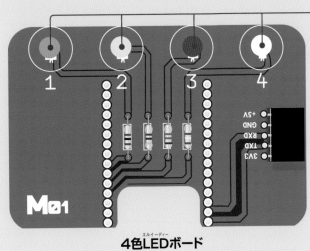

ミニスピーカー

テレビ接続用
コネクター

ボタン

LED

キーボード接続用
USBコネクター

入出力用コネクター
いろいろな機械をここに
つないで、楽しいしかけ
がつくれる。今回使う4
色LEDボードも、ここ
につなぐ。

電源スイッチ

LED
緑、黄、赤、白の4色の
LEDを使ったプログラ
ミングが楽しめる。

今回は、4色の
LEDを楽しめる
この拡張ボードを
イチゴジャムと
組みあわせるよ!

4色LEDボード

光るアクセサリーをつくろう！

イチゴジャムに、4色のLEDを光らせることができる拡張ボードを組みあわせて、きらきら光らせてみよう。キーボードで文字や数字を入力して、プログラミングしていくよ。

90分	中 低　高
めやすの時間	レベル：高学年

用意するもの

イチゴジャム　4色LEDボード　マイクロUSBケーブルと電源

キーボード※　ディスプレイ　映像用ケーブル

※USBとPS2に対応したものが推奨されています。

1 イチゴジャムを使えるようにしよう

イチゴジャムに必要なものを接続していこう。なれないうちは、おとなの人といっしょにやろうね。

> イチゴジャムはキーボードを使って指示を打っていくよ。まちがえても直せるから、あせらずにゆっくり打っていこう。

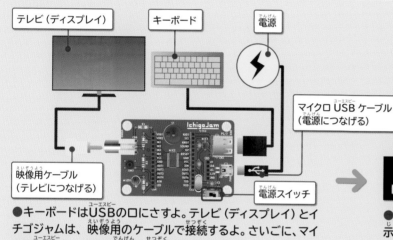

テレビ（ディスプレイ）　キーボード　電源

映像用ケーブル（テレビにつなげる）

マイクロ USB ケーブル（電源につなげる）

電源スイッチ

```
IchigoJam BASIC 1.4.1
OK
```

●キーボードはUSBの口にさすよ。テレビ（ディスプレイ）とイチゴジャムは、映像用のケーブルで接続するよ。さいごに、マイクロUSBケーブルと電源を接続しよう。

●電源スイッチを入れると、ディスプレイにこのような文字が表示されるよ。

※数字は、イチゴジャムを買った時期などによってかわります。

2 イチゴジャムでプログラミングしてみよう

キーボードから、つぎの短い指示を入力してみよう。打った文字は、ディスプレイに表示されるよ。

> 数字の1をつけた「LED1」は、「LEDを光らせてね」という意味なんだ。反対に、「LED0」と指示すると、LEDが消えるよ。

> 「LED」は、イチゴジャムについているLEDを使う指示だよ。数字は1がオン、0がオフをあらわすよ。

LED1

イチゴジャムのLED

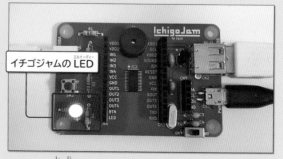

●「L」「E」「D」「1」と順番に打ったら、「Enter」キーをおす。これで、この指示がイチゴジャムにつたわるよ。

●うまく指示がつたわれば、イチゴジャムの左下にあるLEDが光るよ。

※キーボードの使い方は 42 ページも見てね。

③ LEDを点滅させるプログラムをつくろう

LED を光らせる。しばらくしてから消す。これをくりかえせば、点滅させることができそうだね。キーボードでつぎのように入力しよう。

●キーボードのボタン

※キーボードのボタンの表記や位置は、機種によりことなる場合があります。

大文字のアルファベットを打つときは、「Shift」キーをおしながら、アルファベットのキーをおすよ。

スペース

行の最後はいつも「Enter」を打つよ。

```
10   LED1
20   WAIT   60
30   LED0
40   WAIT   60
50   GOTO   10
RUN
```

●LEDを光らせるプログラム

●待つプログラム
「WAIT」は、「何もしないでしばらく待っていてね」という指示。WAIT のあとの数字は、待っている時間の長さをあらわすよ。60で、ちょうど1秒ぐらい。

●LEDを消すプログラム

●くりかえすプログラム
「GOTO 10」は、「10 の指示にもどってね」という指示。このプログラムがあるから、10 から 50 までの指示がずっとくりかえされるよ。

●実行するプログラム
10 から 50 までの指示を入力しただけでは、プログラムはまだ動かない。「RUN」と入力するとプログラムが実行され、LED がついたり、消えたりするよ。

※とちゅうで止めたいときは「Esc」キーをおすと、止まるよ。

LEDを1秒光らせて、そのあと1秒消して、また1秒光らせて…という、くりかえしのプログラムができたよ!

```
10  LED1
20  WAIT  60
30  LED0
40  WAIT  60
50  GOTO  10
RUN
```

●10や20などの番号をつけることで、順番に指示を実行することができるよ。このプログラムは、10→20→30→40と順番に実行され、50がおわったら、もとの10にもどるよ。

④ 4色LEDを取りつけよう

イチゴジャムに、たて長に「あな」がたくさんあいているところがあるのがわかるかな。この部分に、4色 LED の裏がわのピンを、まっすぐ差しこんでいくよ。

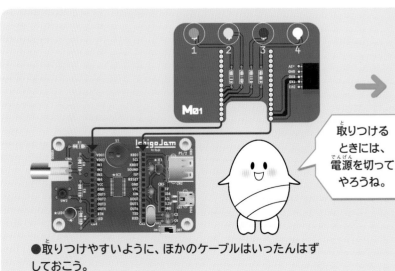

取りつけるときには、電源を切ってやろうね。

●取りつけやすいように、ほかのケーブルはいったんはずしておこう。

●イチゴジャムの上に、4色LEDをのせるように差しこむよ。取りつけができたら、必要なケーブルを接続して、電源を入れよう。

5 4色LEDを光らせよう

これで、イチゴジャムに4色の LED がつながった。さっそく光らせてみよう。
それぞれの LED の下に、数字の1から4までが書いてあるのを確認しよう。

緑：1　黄：2　赤：3　白：4

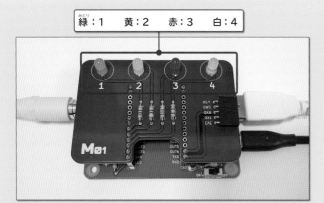

●まず、緑と黄色のLEDを光らせてみよう。今回は「OUT」という指示を使うよ。「OUT」のうしろには、光らせたい色のLEDの数字を入れるよ。緑は「1」、黄色は「2」、赤は「3」、白は「4」だね。右と同じように、打ってみよう。

●緑のLEDを光らせるプログラム

スペース　　　Enter

OUT　1, 1

カンマ（,）

●緑のLEDを消すプログラム

OUT　1, 0

●黄色のLEDを光らせるプログラム

OUT　2, 1

●黄色のLEDを消すプログラム

OUT　2, 0

ここが1のときはオン（光る）、0のときはオフ（消える）となる。

「OUT」は、イチゴジャムに取りつけた機械に指示を出すときに使うよ。赤と白もためしてみてね。

※「スペース」キーは、入れても入れなくても、どちらでもできます。この例では、見やすくなるように入れています。

6 光らせ方をくふうしよう

いくつかの指示を「：」（コロン）という記号でつなげることで、同時に実行することができるよ。4色同時につけたり消したりしてみよう。

1と0の数字を、いろいろな組みあわせにしてためしてみてね。

●4色のLEDを同時につけるプログラム

スペース　　　コロン（:）　　　　Enter

OUT 1, 1 : OUT 2, 1 : OUT 3, 1 : OUT 4, 1

カンマ（,）

カンマ（,）の前の数字はLEDの色、カンマのうしろの数字は、スイッチオンの「1」だね。

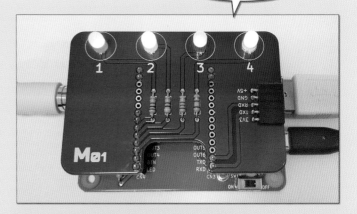

●4色のLEDを同時に消すプログラム

OUT 1, 0 : OUT 2, 0 : OUT 3, 0 : OUT 4, 0

同じように、4色をまとめて消すこともできるよ。カンマのうしろの数字を、スイッチオフの「0」にすればいいね。

●緑と赤のLEDだけ光らせるプログラム

OUT 1, 1 : OUT 2, 0 : OUT 3, 1 : OUT 4, 0

1（緑）と3（赤）がスイッチオンの「1」、2（黄）と4（白）がスイッチオフの「0」にするよ。

7 4色のLEDがきらきら光る プログラムをつくろう

それでは、4色のLED が点滅するプログラムを考え
てみよう。これまでのやり方を思い出してね。

色の組みあわせや、
光っている時間の長さを
かえることで、いろいろな
プログラムがつくれるよ。

●ディスプレイの見え方

```
10 OUT 1,1:OUT 2,1:OUT 3,1:OUT 4
1
20 WAIT 60
30 OUT 1,0:OUT 2,0:OUT 3,0:OUT 4
40 WAIT 60
50 GOTO 10
OK
```

①4色すべてが光る
②1秒待つ
③4色すべてが消える
④1秒待つ
⑤①にもどる

●どの文字や数字が何をあ
らわしているか、おぼえて
いるかな。ゆっくり見直し
ながら、入力していこう。

| スペース | カンマ (,) | コロン (:) | Enter |

```
10  OUT  1, 1 :  OUT  2, 1 :  OUT  3, 1 :  OUT  4, 1
20  WAIT  60
30  OUT  1, 0 :  OUT  2, 0 :  OUT  3, 0 :  OUT  4, 0
40  WAIT  60
50  GOTO  10
RUN
```

●入力がおわったら、「RUN」で実行しよう。4色のLEDが思うように光ったかな。

8 プログラムを保存して かざりつけをしよう

プログラムはできたけれど、このまま電源を切ると消
えてしまう。「SAVE 0」と入力すると、つくったプ
ログラムをイチゴジャムに保存することができるよ。

いったんケーブルを
ぜんぶはずして、
かざりつけしてみてね。
できあがったら、電源につなげた
マイクロ USB ケーブルを差して、
左にあるボタンをおしながら
電源スイッチを
入れてみよう。

お楽しみ会や
クリスマス会で
かざっても
楽しいね!

`SAVE  0`

ボタンをおしながら
電源スイッチを入れると、
自動でプログラムが
読みこまれて実行されるよ。

かんせい
完成!

モバイルバッテリー
などに電源を
つなげば、持ち歩く
こともできるよ。

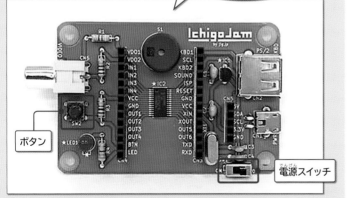

ボタン

電源スイッチ

●保存できるのは、頭に「10、20…」と番号を入れたプログラムだ
よ。保存したあとは、電源さえつながっていれば、LEDを光らせる
プログラムを動かすことができるよ。

行ってみよう！
プログラミングができる場所
～身近でできるプログラミング～

ここでは、二つの活動をしょうかいするよ！

家や学校のほかにも、プログラミングが体験できる場所はふえているよ。地域でおこなわれている、子ども向けの体験教室やイベントに参加してみるのはどうだろう。全国各地で開かれている、参加しやすい活動をさがしてみよう。

コーダー道場（CoderDojo）　https://coderdojo.jp/

Q どんなところ？

コーダー道場は、子どもたちがプログラミングを楽しむことができる、地域のクラブ活動だ。2011年にアイルランドという国ではじまった、世界的な活動だよ。日本には、全国に約200か所の道場があって、定期的に活動しているよ。おもにボランティアによって運営されていて、子どもたちは無料で参加できるんだ。

Q どんなことができるの？

道場によってさまざまだよ。参加する子どもたちが、自主的にやりたいことに取り組んでいるんだ。ビスケットやスクラッチ、マイクロビットであそんだり、電子工作やマインクラフトを使ったコンテストにちょうせんする友だちもいるよ。機材は道場にあるところと、自分でもっていくところがあるよ。

コーダー道場
ひばりヶ丘（埼玉県）
の活動のようす。

日本各地にある道場の場所は、ホームページでさがせるよ！

PCN（プログラミング クラブ ネットワーク）　https://pcn.club/

Q どんなところ？

PCN（プログラミング クラブ ネットワーク）は、「すべての子どもたちにプログラミングの機会を提供する」ことを目標とした、サークル活動だ。全国に約70の活動場所があって、イチゴジャムなどを使って、プログラミングを体験できるワークショップを開いているよ。

Q どんなことができるの？

はじめてプログラミングをする子どもたちに向けたイベントから、電子工作を組みあわせたものづくりまで、さまざまなイベントがあるよ。中には、イチゴジャムを組み立てるワークショップも。年に1回、「PCNこどもプロコン」という、プログラミングのコンテストも開いているんだ。

PCN仙台（宮城県）
の活動のようす。

各地でおこなわれているイベントの予定は、ホームページで調べられるよ。

友だちといっしょに参加するのも楽しそう！いっぱいプログラミングしたいね！！

①パソコンの基本操作

プログラミングをするのははじめて、というみなさんの中には、パソコンの操作になれていない人が多いかもしれませんね。マウスやキーボードの使い方や、インターネットの使い方について、本書で出てくるパソコン用語や操作方法を中心に、しょうかいします。

マウスの使い方

●マウスポインターを動かす

マウスを前後左右に動かすと、パソコンの中の矢印(マウスポインター)が移動します。画面の中のえらびたいものまで、動かします。

画面の中の小さな矢印が、マウスの動きにしたがって動いていくよ。

●クリック (左クリック)

マウスには、左と右の2か所にボタンがあります。左のボタンをすばやく1回おして指をはなすことを「クリック」といいます。人さし指でカチッとボタンをおす操作です。

ボタンをすばやく2回おすときは、「ダブルクリック」というよ。

●右クリック

クリックと同じですが、マウスの右のボタンをおす操作を「右クリック」といいます。中指でカチッとボタンをおす操作です。

この本の中ではあまり使わないけれど、左クリックとあわせておぼえよう。

●ドラッグ＆ドロップ

画面の中のものを移動させるときに使います。マウスポインターを、移動させたいものの上まで動かして、左ボタンをおします。ボタンをおしたまま、マウスを移動したい場所まで動かします。これが「ドラッグ」です。動かしたいものを、つまんで運ぶかんじです。動かしおわったら、左ボタンをはなします。これが「ドロップ」です。動かしたいものを、おろすかんじです。

おしたまま　　はなす

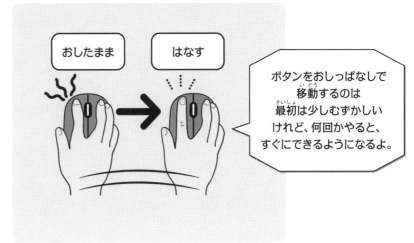

ボタンをおしっぱなしで移動するのは最初は少しむずかしいけれど、何回かやると、すぐにできるようになるよ。

キーボードの使い方

たくさんのキーがならんでいて、ちょっととまどうかもしれないのがキーボードです。キーボードのようすをよく見てみましょう。

●アルファベットになれよう

パソコンのキーボードには、アルファベットとひらがなのほかに、記号や数字も書かれています。ふだん文字を打つときは、アルファベットを使ってローマ字で入力します。

一つひとつのキーには、それぞれ役割があります。アルファベットの「A」いう文字が書かれているキーを、さがしてみましょう（Aといっしょに、「ち」とも書かれていますが、今はアルファベットのほうに注意を向けましょう）。

このキーをおすと、「A」がパソコンにつたわります。ローマ字であれば、これで「あ」になります。「S」「A」のキーをつづけておすと、「さ」になります。ローマ字で入力するとひらがなとして入り、「スペース」キーをおすと漢字の候補が出てくるので、入れたい文字をローマ字で考えて、キーをえらんでいきましょう。アルファベットの順番どおりには、キーはならんでいませんね。最初はさがすのもたいへんですが、だんだんなれてくるので、あせらずゆっくりおぼえていきましょう。

ローマ字入力をしたあとで、「スペース」キーをおすと、漢字の候補が画面に出てくる。

●数字を入れるときは「半角」で

コンピュータに数字を指示したいときには、「半角」という、少したてに細長い数字で入れます。「全角」で入れてしまうと、数字としてあつかってくれないこともあるので気をつけましょう。

全角と半角は、「全角／半角」キーをおして切りかえることができます。

●記号

キーの中には、アルファベット以外の文字が書かれたものもあります。イチゴジャムのページに出てきた「：（コロン）」や「，（カンマ）」といった記号です。

●いろいろなキー

キーをまちがえて入力したときには、「Back Space（バックスペース）」キーをおすと、入れたばかりの文字を消すことができます。ほかにも「Shift（シフト）」や「Ctrl（コントロール）」キーなどがあります。これらは、アルファベットなどのほかのキーと組みあわせて使います。マインクラフトのページでも、「Shift」と「F5」や、「Ctrl」と「V」の組みあわせで出てきます。

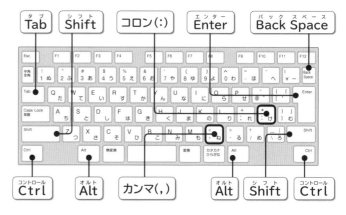

インターネットを使おう

本書では、インターネットにアクセスしてプログラミングをするものがあります。パソコンやタブレットからインターネットを使うときには、「ブラウザ」というソフトを利用します。ブラウザにはいくつか種類があり、画面の見た目はちがいますが、できることは同じです。ここでは、「Chrome」というブラウザを例に、説明します。

使いたいツールのアドレスを、ブラウザに入力していきます。アドレスは、「https://xxxx」といった形式です。「アドレスバー」とよばれる、画面のいちばん上にある、長細い部分に入力します。

●キーワードを入力して検索する

ブラウザに直接アドレスを入力する以外にも、キーワードを入力して検索をして、インターネットの行きたい場所を見つける方法もあります。

例として、「Scratch」のウェブサイトに行ってみましょう。アドレスバーに「scratch」と入力して「Enter」キーをおすと、検索結果が表示されます（結果はそのときどきでちがうことがあります）。いちばん上に出ている「Scratch - Imagine,Program,Share」と書かれ

ているところをマウスでクリックすると、Scratchのウェブサイトに移動します。

●ウェブサイトを行ったり来たり

ウェブサイトの中には、べつのウェブサイトに移動する情報が入っていることがあります。これを「リンク」とよびます。リンクは、ことばであらわされているものもあれば、画像やイラストを使っていることもあります。クリックすると、べつのウェブサイトに移動して、画面がかわります。8ページでしょうかいしている「Hour of Code」のウェブサイトには、いろいろなメニューへのリンクが画像でわかりやすくまとまっているわけです。

前のウェブサイトにもどりたいときは、ブラウザにある「←」というアイコンか、ブラウザの中でマウスを右クリックすると出てくるメニューから「戻る」をえらぶと、すぐにもどることができます。

●ダウンロードするとき

マイクロビットを使うとき、「MakeCode」というウェブサイトでつくったプログラムをマイクロビットに転送して使いましたね。

このときは、自分がつくったプログラムを、使っているパソコンの中にもってくる作業が必要でした。このような操作を「ダウンロード」とよびます。

もどる
←

アドレスバー

見たいウェブサイトのアドレスや、キーワードを入れて検索するところ。

アドレスバーにアドレスやキーワードを入力して「Enter」キーをおすと、検索結果が表示される。検索結果のウェブページにはリンクがされていて、見出しの文字をクリックすると、そのウェブサイトに移動する。

知らないサイトが出てきたり、いつもとちがう画面になったときは、すぐにおとなの人に相談しよう。

ダウンロードも必要なときにだけおこなうようにしようね。

②まだある！プログラミングツール

プログラミングが楽しめるアプリやキットは、この本に出てきたもののほかにも、たくさんあります。いくつかをしょうかいします。

●ドリトル

ドリトルは、日本語の単語を使ってプログラミングができます。タートル（かめ）をブラウザの画面に表示して、指示によって自由に動かすことができます。

ドリトルには、いくつかのバージョンがありますが、まずためしてみるなら、「ブロック版」がおすすめです。

また、小学校高学年向けの学習コースも用意されているので、ちょうせんしてみるのもよいですね。

▶ウェブサイト：https://dolittle.eplang.jp

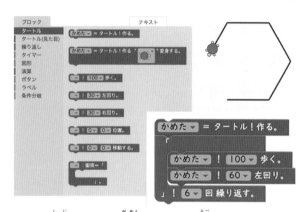

「かめた」に指示をすると、画面上でかめたが動く。

●スイフト・プレイグラウンド（Swift Playgrounds）

「スイフト（Swift）」とは、プログラミング言語の一種で、アップル（Apple）社によって開発されています。iPhoneのアプリを開発するときにも、よく利用されています。このスイフトを、パズルや問題を解きながら学んでいくことができるのが「スイフト・プレイグラウンド」です。課題をクリアしながら、実際にスイフトのプログラムをつくれるのがとくちょうです。

自習用の電子ブックも提供されていて、iPadで読みながら、自習していくことができるようになっています。

▶ウェブサイト：https://www.apple.com/jp/swift/playgrounds/

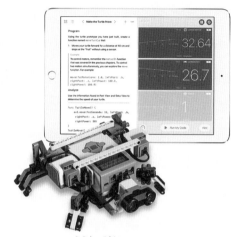

iPad用のアプリとして、無料で公開されている。

●ラズベリーパイ（Raspberry Pi）

ラズベリーパイは、手のひらにのるほどの小さなコンピュータですが、ふつうのサイズのパソコンと同じように使うことができます。キーボード、マウス、ディスプレイ、電源を、本体に接続して使います。

ラズベリーパイのとくちょうは、基本ソフトであるOSを、「マイクロSDカード」という小さなメモリカードにインストールすることで、スクラッチをはじめ、パイソン（Python）などのテキストプログラミングもおこなえることです。

▶購入サイトの例（アールエスコンポーネンツ株式会社）：https://jp.rs-online.com/

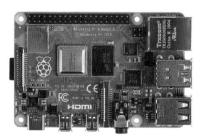

ラズベリーパイ専用の特別版「マインクラフト（Minecraft）」や、「Scratch Desktop」も用意されていて、すぐにあそぶことができる。

●テロー エデュ（Tello EDU）

　子どもでもあつかいやすい、教育向けの超小型のドローンがTello EDUです。操縦して飛ばすこともできますが、とくちょうは、専用のプログラミングアプリを使うことで、飛行プログラムをつくれるところです。各地で、このTello EDUを使った大会もおこなわれています。あらかじめ用意されたコースを、決められた時間内に飛行するプログラムをつくり、うまくクリアできるかをきそう内容です。

▶ウェブサイト：
　https://www.ryzerobotics.com/jp/tello-edu

上昇、水平移動、降下など、移動するスピードや時間について、指示したとおりにドローンが飛行する。

●エムボット（embot）

　ダンボールを使ったロボットがつくれるのが「エムボット」です。いくつかの部品をつなぎ、ダンボールと組みあわせて工作していきます。プログラミングは、タブレットやスマートフォンの専用アプリを使います。

LEDを光らせたり、ブザーで音を鳴らしたりできる。

▶購入サイトの例（タカラトミーモール）：
　https://www.takaratomy.co.jp/

●さまざまなプログラミング言語

　イチゴジャムを使うときに出てきた「BASIC」は、とても歴史のあるプログラミング言語の一つです。

　コンピュータが入っている機械や、みんなが使うアプリやサービスは、どんどん種類がふえています。それにあわせて、プログラミング言語も進歩したり、新しい種類がふえています。

　おとなの人が、ふつうに使っているプログラミング言語の代表を、いくつかしょうかいします。

ベーシック（BASIC）

　「ベーシック」とは、英語で「基本」という意味があります。その名のとおり、はじめてプログラミングをする人がはじめやすいようにつくられた、プログラミング言語です。短いアルファベットの指示をキーボードで入れて、プログラミングをしていきます。ゲームをつくることもでき、大人気のゲーム機のNintendo DSやSwitchでも動くベーシックが、「プチコン」という商品として販売されています。

パイソン（Python）

　とくに近年、AI（人工知能）の開発によく使われているプログラミング言語です。

ジャバ・スクリプト（JavaScript）

　みなさんが見ているインターネットの画面で、画面に細かい動きをつけたりすることができます。

ルビィ（Ruby）

　インターネットのサービスをつくるときに、よく使われています。日本人のまつもとゆきひろさんという開発者が開発したプログラミング言語で、世界中の人が使っています。

③インストールと購入方法 (保護者の方へ)

本書で紹介したツールの中には、パソコンなどにアプリをインストールして使うものや、機材などの用意・購入が必要なものがあります。その方法などを紹介します。

●アワー・オブ・コード (Hour of Code)

ブラウザとインターネット環境が必要です。とくに事前にインストールする必要はありません。下記のウェブサイトにアクセスすると、たくさんのコースが用意されており、自由にはじめることができます。

▶ウェブサイト：https://hourofcode.com/jp/learn

●ビスケット (Viscuit)

タブレットを利用する場合は、アプリをインストールします。iPadの場合は、AppStoreから「Viscuit」を検索して入手できます。同じようにGoogleのタブレットでも、Google Playから入手できます。費用は無料です。アプリを利用する場合でも、インターネット環境が必要です。

パソコンを利用して、ブラウザでホームページにアクセスして、ビスケットを楽しむこともできます。

▶ウェブサイト：https://www.viscuit.com/

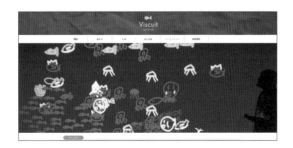

●スクラッチ (Scratch)

本書では、パソコンにインストールして利用する「Scratch Desktop」を利用しています。いちどダウンロードしてインストールすれば、インターネット環境がなくても利用できます。インストールは無料です。

また、インターネット環境があれば、スクラッチのウェブサイトにアクセスして、ブラウザで利用することもできます (Internet Explorerをのぞく)。

▶ウェブサイト：https://scratch.mit.edu/
▶ Scratch Desktop のダウンロード：
https://scratch.mit.edu/download

●マイクロビット (micro:bit) / MakeCode

本書では、マイクロビット本体のほかに、必要な機材を利用します。手元にない場合は、購入などが必要になります。最低限必要なものは、以下のとおりです。

- ・マイクロビット 本体
- ・データ通信ができるmicro USBケーブル
  (micro USB type B、PC側：type A)
- ・マイクロビット用 電池ボックスと乾電池
- ・ワニロクリップ付きケーブル (2本)
- ・ジャック付きスピーカー

また、プログラミング用の専用アプリ「MakeCode」を使うには、インターネット環境が必要です。ブラウザで利用できます。

▶ウェブサイト: https://microbit.org/ja/
▶MakeCode for micro:bit サイト:
　https://makecode.microbit.org/
▶購入サイトの例:
　https://switch-education.com/products/
　https://www.switch-science.com/products/7953/

「micro:bit をはじめようキット v2.2」

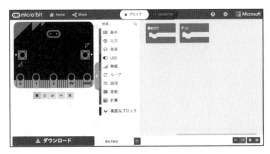

MakeCodeの画面

●教育版マインクラフト（Minecraft Education）

　本書では「教育版マインクラフト」をとりあげています。アプリは無料で公式サイトからダウンロードして、インストールすることができます。ただし、本書の内容をおこなうにはライセンスが必要になります。学校によってはすでに取得済みの場合がありますので、確認してください。団体や個人の購入方法は、公式サイ

教育版マインクラフトのライセンス取得・購入画面

トの「購入方法（https://education.minecraft.net/ja-jp/licensing)」を参照してください。

●イチゴジャム（IchigoJam）

　イチゴジャムは、子ども用のパソコンとして、安価に販売されています。本体のほかに、映像用ケーブルのついたTVモニターまたはディスプレイと、パソコン用キーボード（推奨あり：USBとPS2に対応のもの)、本体用の電源が必要になります。イチゴジャム本体は、はんだ付けが必要な組み立てキット、ほかに完成品が、下記のウェブサイトで販売されています。本書で利用する4色LEDボードも、あわせて購入できます。

▶ウェブサイト：https://ichigojam.net/
▶購入サイトの例（PCN ストア）:
　https://hello002.stores.jp/
　https://hello002.stores.jp/items/
　　5b39eae95496ff652b0001a7(IchigoJam 組み立て済完成品 S)
　https://hello002.stores.jp/items/
　　5d5caa1808382926d5b692e2 (4色 LED ボード M01)

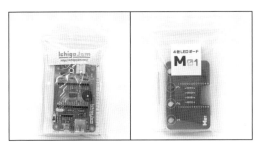

（左）IchigoJam組み立て済完成品S：2200円（税込)、（右）4色LEDボードM01：880円（税込)。※そのほかに、送料が必要です。

本書でとりあげているプログラミング用のツール、機材の内容につきましては、2023年3月時点の情報をもとに、専門家の監修のもと作成し、万全を期しております。各社、各団体によって提供されているツールにつきましては、画面の配色など一部変更している可能性がありますが、基本的な操作に変更はありません。
　しかしながら、今後、予期せぬ改訂が発生する可能性があります。その場合、本書の手順通りに進まないといった不具合も予想されます。そのような場合には、ご案内しております各ツールの情報サイトなどをご確認いただき、適切な読み替えといった対応が必要な場合がございます。また、重要な情報につきましては、弊社ホームページ等でご案内いたします。

【監修】
小林祐紀（こばやし ゆうき）
茨城大学教育学部准教授

1980年三重県生まれ。金沢市内公立小学校教諭、金沢大学非常勤講師を経て、2015年4月より現職。専門は、授業におけるICT活用、小学校プログラミング教育。小学校プログラミング教育の授業開発に精力的に取り組み、各地域のICT推進事業や各学校における校内研修の講師多数。「文部科学省 ICTを活用した教育推進自治体応援事業（ICT活用実践コース）委員」「文部科学省委託事業 小学校プログラミング教育の円滑な実施に向けた教育委員会・学校等における取組促進事業委員」などの各種委員を歴任。著書に『小学校プログラミング教育の研修ガイドブック』（編著・監修、翔泳社）、『これで大丈夫！ 小学校プログラミングの授業 3＋αの授業パターンを意識する[授業実践39]』（編著・監修、翔泳社）、『コンピューターを使わない小学校プログラミング教育 "ルビィのぼうけん"で育む論理的思考』（編著・監修、翔泳社）など。

◉イラスト　　千原櫻子
◉装丁・デザイン　アンシークデザイン
◉執筆協力　　新妻正夫（桃山. 舎）
◉企画編集　　頼本順子、渡部のり子（小峰書店）
◉編集協力　　今村恵子（フォルスタッフ）
◉DTP　　栗本順史（明昌堂）

◉写真・画像協力（50音順）
Apple Japan合同会社／アールエスコンポーネンツ株式会社／株式会社NTTドコモ／大阪電気通信大学兼宗研究室／クリエイティブ・コモンズ／一般社団法人CoderDojo Japan／Code.org／株式会社jig.jp／株式会社スイッチエデュケーション／DJI JAPAN株式会社／新妻正夫／日本マイクロソフト株式会社／PCN（プログラミング クラブ ネットワーク）／micro:bit教育財団／the Raspberry Pi Foundation

Hour of Codeは、「code.org」により提供されています／Viscuit（ビスケット）は、NTTの委託を受けて、合同会社デジタルポケットが開発しています／micro:bitは、英国BBCが中心となり開発され、現在はmicro:bit教育財団により推進されています／MakeCodeは、Microsoft社により提供されるオープンソースのプログラミング学習プラットフォームです／Scratchは、MITメディア・ラボのライフロング・キンダーガーテン・グループの協力により、Scratch財団が進めているプロジェクトです。https://scratch.mit.eduから自由に入手できます（CC BY-SA）／Minecraftは、米国 Microsoft Corporation の米国及びその他の国における登録商標または商標です。／IchigoJamは、jig.jpの登録商標です／ドリトルは、大阪電気通信大学兼宗研究室関係者で開発を進めています／Swift Playgroundsは、Apple社により提供され、App Storeから無料でダウンロードできます／Raspberry Pi（ラズベリーパイ）は、英国ラズベリーパイ財団により開発されています／CoderDojoは7歳〜17歳の子どもを対象にした非営利なプログラミング道場です。「CoderDojo」は、HELLO WORLD FOUNDATIONの国際商標です／PCN（プログラミング クラブ ネットワーク）は「すべてのこどもたちにプログラミングの機会を提供する」を理念におくサークル活動です

※本書に掲載の内容は2023年3月時点の情報です。

ゼロから楽しむ！ プログラミング　③プログラミングであそぼう！

2020年4月7日　第1刷発行
2023年4月6日　第2刷発行

監修者　小林祐紀
発行者　小峰広一郎
発行所　株式会社小峰書店
　　　　〒162-0066
　　　　東京都新宿区市谷台町4-15
　　　　TEL：03-3357-3521　FAX：03-3357-1027
　　　　https://www.komineshoten.co.jp/
印刷　　株式会社三秀舎
製本　　株式会社松岳社

※シートはかならずコピーして、みんなで使ってください。

ゼロから楽しむ！プログラミング

アイデアシート ❶

名前 ＿＿＿＿＿＿＿＿＿＿＿＿＿

コンピュータを入れるとしたら、何に入れて、どんなことをしてみたい？

身のまわりでプログラミングができたらいいかも！
と思うことがないか、考えてみよう！

●何にコンピュータを 入れる？	
●どんなことを してみたい？	
●それは「だれが」 「どんなときに」使う？	
●実現したら、どんな いいことがある？	
●イメージ図	